# 北欧设计之旅

李宝煌 编著

U0213185

中国林业出版社

图书在版编目（CIP）数据

北欧设计之旅 / 李宝煌编著.—北京：中国林业
出版社，2015.3
（环球设计之旅）
ISBN 978-7-5038-7902-9

Ⅰ.①北… Ⅱ.①李… Ⅲ.①室内装饰设计－北欧
Ⅳ.①TU238

中国版本图书馆CIP数据核字(2015)第043239号

特约顾问：冷元宝　姜坤
封面设计：乔颖
策　　划：北京巨星广告有限公司

责任编辑：李丝丝　　文字编辑：樊菲

出版：中国林业出版社　（100009 北京西城区德内大街刘海胡同 7 号）
网站：http://lycb.forestry.gov.cn
印刷：北京利丰雅高长城印刷有限公司
发行：中国林业出版社
电话：（010）83143572
版次：2015年4月第1版
印次：2015年4月第1次
开本：1/16
印张：8.5
字数：150千字
定价：39.8 元

# 序言

　　北欧设计闻名于世。在众多风格中，北欧设计更能代表一种人本生活方式，无论是传统还是现代，设计都是用来配合人类及其环境进入自然状态的。北欧设计高度反映了其价值观，即物品必须严格纯粹地与人的舒适（人体工学）、需求（功能性）、精神（审美）诸方面相关联。北欧设计以造型简约、材料天然、人情味浓、家庭气氛、不随风潮、独创性强、生态性好的风格而著称，真正体现了设计为人民服务，设计使生活更高尚。

　　让我们翻开由设计师李宝煌精心选编的这本精美作品集，开始赏心悦目的北欧设计之旅吧。

中国人民大学艺术学院教授　祝东平

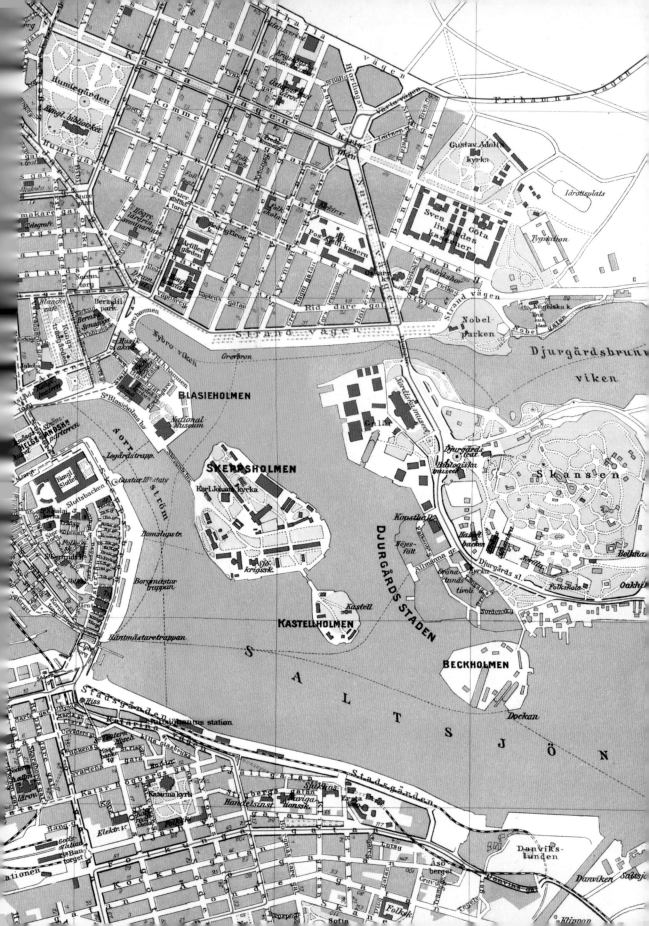

# 目录
# CONTENTS

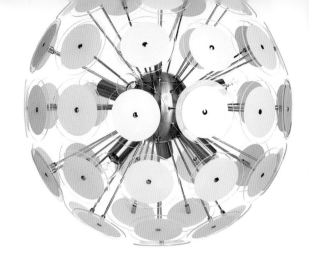

## 092

### 设计大师们的原创艺术

# 走进自然的北欧世界

北欧西临大西洋，东连东欧，北抵北冰洋，南望中欧，总面积130多万平方千米。北欧的冬季漫长，气温较低，夏季短促凉爽。

北欧地区地势总体而言，初斯堪的纳维亚山海拔较高外，其他地势比较低平。地形为台地和蚀余山地，鼓丘交错是主要地貌。斯堪的纳维亚半岛是北欧地势最高的地区，斯堪的纳维亚山脉纵贯半岛中部，居挪威与瑞典之间，山脉南，北段高，中段低，北段位于瑞典境内，南端伸入挪威领土，高峰超过2000米；山脉西坡陡，直逼挪威海沿岸，东坡缓，逐渐向波的尼亚湾降低。

所以，挪威是北欧地势最高的国家，地形以上地为主，西部沿海并多峡湾地形。丹麦全国是一个和缓起伏的低地。丹麦低地向东延伸到瑞典南部平原，再向北与瑞典中部低地相连，然后跨越波的尼亚湾与芬兰低平原相接。平原呈一弧形分布在斯堪的纳维亚山脉东南。斯堪的纳维亚山脉曾是欧洲第四纪冰川的主要中心，大陆冰川覆盖了整个北欧地区，所以北欧到处可见冰川侵蚀与堆积地貌。因为湖泊众多，河流短小，芬兰有"千湖之国"的称号。

北欧温湿的气候利于针叶林与牧草的生长。北纬61°~68°之间，是针叶林的集中分布区；北欧61°以南为针阔叶混交林区。

## 北欧国家

**丹麦** 北约成员国，非欧元国家。面积43080平方千米，人口530万，使用丹麦语。

**瑞典** 非北约成员国，非欧元国家。面积449964平方千米，人口890万，使用瑞典语。

**芬兰** 非北约成员国，欧元国家。面积337032平方千米，人口510万，使用芬兰语和瑞典语。

**挪威** 北约成员国，非欧元国家。面积386974平方千米，人口442万，使用挪威语。

**冰岛** 北约成员国，非欧元国家。面积103106平方千米，人口27万，冰岛语（通用英语）。

## 北欧主要城市

**斯德哥尔摩** 人口150万，瑞典首都，北欧最大的城市。

**哥本哈根** 人口140万，丹麦首都，北欧商业和交通中心。

**哥德堡** 人口70万，瑞典西部首城，北欧地理中心。

**赫尔辛基** 人口53万，芬兰首都，波罗的海区商业中心。

**奥斯陆** 人口50万，挪威首都，重要港口。

**马尔默** 人口35万，瑞典南部首城，瑞典第三大城市。

**奥胡斯** 人口26.5万，丹麦育兰府（大陆区）首城。

**卑尔根** 人口22.4万，挪威西部首城，重要港口。

**图尔库** 人口16.7万，芬兰瑞典语区首城，芬兰旧部。

**雷克雅未克** 人口10万，冰岛首都，冰岛语"冒烟的城市"，富有地热资源，世界最靠北的首都。

**托尔斯港** 人口1.4万，法罗首府，北大西洋重要海港。

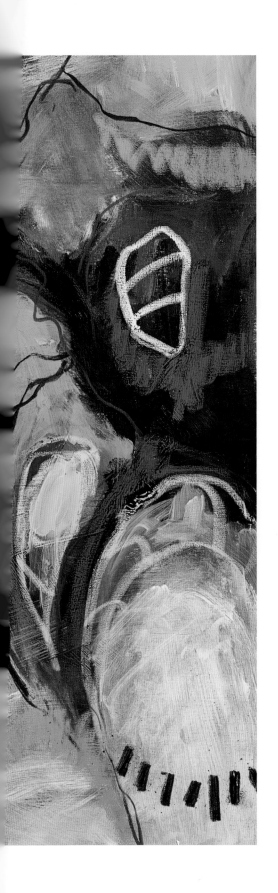

# 北欧风格概述

　　北欧风格，是指欧洲北部国家挪威、丹麦、瑞典、芬兰及冰岛等国的艺术设计风格（主要指室内设计以及工业产品设计）。北欧风格以简洁著称于世，并影响到后来的"极简主义""简约主义""后现代"等风格。在20世纪风起云涌的"工业设计"浪潮中，北欧风格的简洁被推到极致。

　　在20世纪20年代，大众服务的设计主旨决定了北欧风格设计风靡世界。功能主义在1930年的斯德哥尔摩博览会上大放异彩，标志着其突破了斯堪的纳维亚地区并与世界接轨。北欧风格将德国崇尚的实用功能理念和其本土的传统工艺相结合，富有人情味的设计使得它享誉国际。于40年代它逐步形成系统独特的风格。北欧设计的典型特征是崇尚自然、尊重传统工艺技术。

　　20世纪中期，北欧经济的迅速发展使得北欧人拥有高福利的制度。但北欧人依然重视产品的实用性，简单自然的审美观依旧被传承。北欧的住宅文化和设计理念深受其影响。故，即使是在工业时代的北欧，产品设计都依然保留着关注用户身心健康的人文关怀要素。传统和时尚创新被北欧设计师运用得淋漓尽致。

　　在使大众利益得到关注的同时，北欧设计没有缺失对小众的关怀。例如消除残障人士在生活上的不便，为其设计便捷的人性设计，实现社会公平。它们都体现了北欧风格设计对人的周全关心。

# 现代北欧风格

现代北欧风格总的来说可以分为三个流派，因为地域的文化不同所以有了区分。分别是：瑞典设计、丹麦设计、芬兰现代设计，三个流派统称为北欧风格设计。

瑞典风格设计简单中透着一丝丝的优雅，优雅中透着一丝丝的飘逸。而清新的色调、质朴的装饰，这些都完美的诠释了瑞典风格。瑞典风格是18世纪晚期古斯塔夫三世统治时期瑞典王从法国带回瑞典的，瑞典人把新古典主义中繁杂的优雅形式进行简化，增大了舒适性的比例，把这种瑞典风格设计推向了顶峰。

## 瑞典设计

在瑞典人心中，大自然和家庭在他们的生活中扮演着很重要的角色。一个最恰当的方式去形容瑞典的家居风格，就像形容瑞典的大自然一样：充满空气和阳光，自然并且朴素。这也是瑞典给世界的印象。年轻的瑞典

人风格中不乏跳跃夸张的颜色。与其他风格中的色彩相比，本风格中的色彩纯度较高，种类较多，使用面积较大，显得活力张扬。

自从1925年纽约世界博览会上首次提出"瑞典式优雅"一词，到20世纪上半叶赢得世界美誉的"瑞典式雅致"和"瑞典式摩登"：简约、实用、色彩淡雅、材质自然，不事张扬的典雅中揉合了幽默与灵巧，正是瑞典设计的标志性特点。

瑞典风格并不十分强调个性，而更注重工艺性与市场性较高的大众化的研究开发。桌椅腿通常纤细带有凹槽，装饰品使用较少但很有效，包括精致的叶片雕刻、希腊图案花样等。家具通常粉饰纯白色、奶油色、蓝色油漆，都透着明亮的灵性。瑞典风格设计偶尔也会受到丹麦风格的影响，采用柚木、紫檀木等名贵材质制作高级家具，但从传统上，瑞典人更喜欢用本国盛产的松

木、白桦为材质制作白木家具。

瑞典风格设计更追求便于叠放的层叠式结构，线条明朗，简化流通，以便制造摩登与风行。由于瑞典的冬天阴暗而漫长，阳光有限，因此室内色调多局限在两种浅淡的颜色，也可能会有第三种颜色作点缀。灰色或浅灰色、浅蓝色往往和奶油黄色搭配在一起，由锈红色点缀。蓝白相间的贴砖壁炉是瑞典人家度过漫长冬天的基本保障。

## 丹麦设计

在木制家具设计界，全世界首推丹麦设计最为经典。"丹麦设计"似乎成了一个专用名词，与牛顿定律、阿基米德原理一样，有着不可怀疑的权威性。

丹麦设计的精髓是以人为本。如设计一把椅子、一张沙发，丹麦设计不仅仅追求它的造型美，更注重从人体结构出发，讲究它的曲线如何与人体接触时达到完美的结合。它突破了工艺、技术僵硬的理念，融进人的主体意识，从而变得充满理性。被称为丹麦家具设计之父的克林特，就像一个画家那样，为研究座椅的实用功能，他会在设计之前画出各种各样的人体素描，在比例与尺寸上精益求精，并运用技巧将材料的特性发挥到极致，从而创作出美轮美奂的工艺品。丹麦人以设计见长，哥本哈根可谓设计之都。如果你喜欢设计，那么哥本哈根将是你不容错过的必访之地。

在丹麦设计中心 (Danish Design Center)，你可追随丹麦流行设计师和设计趋势。在丹麦设计博物馆 (Designmuseum Danmark)，除了历史上的中西设计名作之外，你会发现现代设计大师，如Poul Henningsen、Arne Jacobsen等的旷世之作。

丹麦设计除了大家熟知的极简风格之外，另一重要特点是，实用性强。哥本哈根每两年会举办一次以"设计改善生活"为主题的设计奖项展示(INDEX: Design to Improve Life)。如果你漫步在哥本哈根，你会发现有许多经典设计已经融入到丹麦人日常的城市生活中了。

日常化的丹麦设计：像快乐的丹麦人那样，布置自己的家…………

从经典的丹麦设计到现代陶制品和色彩丰富的家具，在哥本哈根各大设计商店应有尽有，品质上乘，工艺精湛。不管你是喜欢经典还是现代风格，都一定能找到让你的哥本哈根之旅难以忘怀的佳作。在丹麦设计商店，你不仅能够找到各种造型奇特的家具，而且还能找到适合放在家中的有趣小装饰，从创意枕头和毛巾到挂钟和花瓶，应有尽有。一个可折叠的野餐篮，一辆仅重12公斤的Brompton可折叠自行车，Arne Jacobsen设计的蛋椅、天鹅椅……这些都可能成为你新的心头好！

## 芬兰现代设计

芬兰艺术家和设计师们所追求的芬兰风格，是将山水的大自然灵性融入设计作品，使其成为一种源自自然的艺术智慧与灵感。到60年代，芬兰人开始进入一种反省，渐渐将设计风格沉淀为平实、实用，与生活密切结合，更深度地利用国内现有材料，扩大消费群，扩大规模生产，逐渐形成芬兰家具的现代特色。他们在强调设计魅力的同时，致力于新材质的研究开发，终于生产出造型精巧、色泽典雅的塑胶家具，令人耳目一新。

## 北欧家具代表

北欧是童话世界，是安徒生笔下小美人鱼的丹麦、北海小英雄的发源地挪威、圣诞老人的故乡芬兰、拥有200多座火山的冰岛、也是诺贝尔的出生地瑞典。北欧是楷模世界，芬兰是全球经济竞争力冠军常客，丹麦属于最佳商业投资环境，挪威与冰岛夺下最幸福国家冠亚军，瑞典有最适合人居的城市。曾有评论指北欧地区盛产优质家品，是因为漫长的寒冬，不少人都躲在家中制作家具，这种传统衍生出北欧独有的家品文化。

### 瑞典摩登家具

北欧诸国的家具制作，均有自己的设计风格，而瑞典风格的特征，是雅致与摩登。瑞典的摩登之风，曾使马特森椅畅销不衰。与丹麦家具不同的是，瑞典风格并不十分强调个性，而更注重工艺性与市场性较高的大众化家具的研究开发。瑞典风格近几年在国内也非常盛行，原木采用松木，流露出自然质感，与现代风格的各种家具都可以完美搭配。此外，随意组合和拆改，以方便喜欢DIY的你，这样的方式也体现了北欧设计风格的人性化和趣味性。

### 挪威家具

挪威家具的个性犹如挪威高大的山峦与神秘的峡湾，处处渗透出厚重与质朴，富有浓郁的北欧气质。家具设计别具匠心，富有独创。挪威的家具风格大致分两类，一类设计以出口为目的，在材质选用及工艺设计上均十分讲究，品质典雅高贵，为家具中的上乘之作。另一类则崇尚自然、质朴，具有北欧乡间的浓郁气息，极具民间艺术风格。纵观北欧四国的家具制造，确是世界家具王国中一道独特的风景。这股北欧之风迅速吹向世界各地，这绝非偶然。时下，国内的不少家庭也开始青睐起北欧家具的原始气息，它代表了一种时尚。

# 北欧风格装修要点

想要营造一个自己的北欧空间，色调上要以浅色为主：米色、白色、浅木色等。而材质方面以自然的元素，如木、藤、柔软质朴的纱麻布制品等为主，所使用的材质色彩都可以兼容，而且比重拿捏得当。若想做点装饰变化，亦须掌握重点，使用北欧风格不可或缺的自然元素，再加入一点点其他材质如金属，然后再考虑颜色搭配是否协调。

### 原木 室内装修的灵魂

为了有利于室内保温，北欧人在进行室内装修时大量使用了隔热性能好的木材。因此，在北欧的室内装饰风格中，木材占有很重要的地位。北欧风格的居室中使用的木材，基本上都是未经精细加工的原木。这种木材最大限度地保留了木材的原始色彩和质感，有很独特的装饰效果。为了防止过重的积雪压塌房顶，北欧的建筑都以尖顶、坡顶为主，室内可见原木制成的梁、檩、椽等建筑构件。这种风格应用在平顶的楼房中，就演变成一种纯装饰性的木质"假梁"。这种装饰手段，经常被用来遮掩空间中的过梁。除了木材之外，北欧室内装饰风格常用的装饰材料还有石材、玻璃和铁艺等，但都无一例外地保留这些材质的原始质感。

### 色彩 大自然生命力的象征

北欧地区由于地处北极圈附近，气候非常寒冷，有些地方还会出现长达半年之久的"极夜"。北欧家居中，客厅通常会有一个壁炉。而卧室等空间有时也有。但是，壁炉并非视觉的焦点（不像英国），它们通常位于房间不显眼的某个角落。北欧特别是瑞典人在环保方面意识很超前，在居家环境中也非常重视。

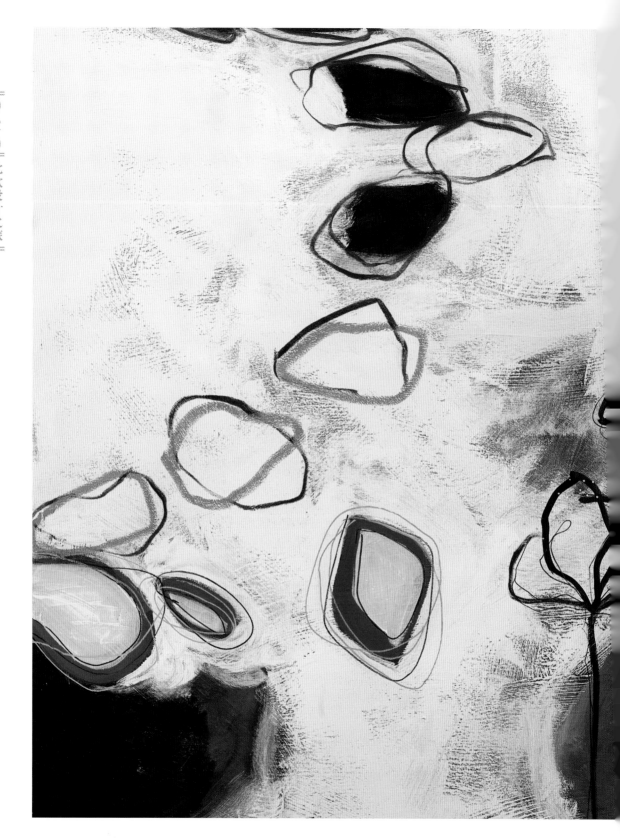

# 生活在北欧

　　北欧人堪称是地球上最懂得生活的一群人，北欧产品开启了21世纪的设计新浪潮。活的北欧一点儿，是现代人的向往，简单、自然、幸福，北欧风俨然已成为新时尚生活的代名词，让我们一起来透视北欧，休闲过生活。高效率的工作来自于北欧人认真地创造热情，为了提高工作效率，北欧人总是绞尽脑汁，思考着如何改良技术，大到需要添加什么好机器，小到如何设置机器上按钮的排放位置会更便捷等，对北欧人而言是多面向的，节省工时、节用资源以及节制消费，都在节约之内。除了重视实际效用，勤俭持家的美德也让北欧人比其他先进国家活得更好。

　　濒临北极的北欧四国，在许多人眼里，那是各充满神秘色彩的地方。那里，不仅有神奇的极昼、极夜和极光现象，还是传奇的圣诞老人的故乡，举世闻名的科学家诺贝尔、世界童话大师安徒生诞生和成长之地。北欧的森林资源和水资源都极其丰富。素有千湖之国的芬兰从空中鸟瞰，是一幅森林和湖泊构成的美妙图画。平坦的地面上森林密布，遮天蔽日，湖泊则如一颗颗闪烁的明珠镶嵌在其中。挪威是个三面环海的小国，境内多山多峡湾，交通闭塞，历史上很长一段时间都是自给自足的小农经济。从贫到富，无论是芬兰、挪威，还是瑞典、丹麦，他们崇尚大自然的习性并没有受到现代"灯红酒绿"生活的绝对冲击，仍然保留以农为本的传统生活色彩，冬天扛着雪橇去冰天雪地，夏天赤身地享受日光浴。很多生活富足的人，除了享受别墅洋房、汽车游艇的现代文明之外，还以在深山老林中建一栋原始形态的木房子为荣，希望也喜欢体验更原始的生活。

挪威人爱海，喜欢海上运动，许多都是户外运动俱乐部或协会的成员。每到夏季，在沿海地区都可以看到在海上游泳和从事帆船运动的人。挪威人尤其擅长滑雪，挪威人不论男女老少，几乎都会滑雪。

瑞典作为欧洲乒乓球大国在国际体坛有一席之地，瑞典老人也热爱乒乓球运动，但那里的乒乓球运动和我们常见的不一样。乒乓球网略高一些，所用的球较大。原来这样击球时所花的力气就要多一些，而"多花点力气"，正是老年人打乒乓球要达到的目的。

北欧四国都很注重环保，政府都努力倡导绿色环保运动，鼓励国民多以自行车代替汽车出行。丹麦也被称为自行车大国，是北欧自行车最多的国家。首都哥本哈根的街头，常常可以看到成堆成行的自行车，有相当一部分是免费提供给国民或游客使用的。大至政府官员，小至普通国民，都喜欢骑自行车上班、出游。在北欧人

眼里，骑自行车是个很好的锻炼，这只是生活模式的一种，与身份没关，与年龄没关。从丹麦人的衣着上，更能形象地感受到北欧老人的心态。在丹麦，老年人比年轻人更为讲究穿着，男人多半是西装裤，上配衬衣、休闲外套、风衣等。女人普通打扮是下穿长裙，上穿衬衣等，在外面再加一件大衣。老人得体的衣着确实成了丹麦的一道风景。在他们的观念里，人的一生都应该努力保持青春和健美，这种意识在服装穿着上也自然地流露出来，进而体现在他们生活的方方面面，影响着他们的心理与心态，影响着他们的精神状态。

芬兰浴即俗称桑拿。芬兰人喜欢桑拿，几乎家家户户都有桑拿房，芬兰人建房子，最重要的一件事一定是给桑拿房选个最好的位置。在赫尔辛基的宾馆，大堂里便设有免费的桑拿房，浴室的内部是用原木建成的，原木刷上暗红的油漆，感觉十分温馨、舒适。室内热气腾

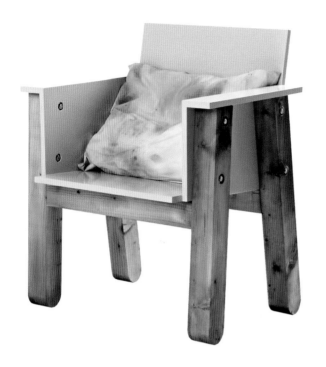

腾，呆不了几秒中便让人汗流浃背的。对芬兰人来说，芬兰浴有着特殊的意义，成为他们生活中不可缺少的重要组成部分，在这个只有500万人的国家，平均不到3人便有一间桑拿室。每个芬兰人，几乎从孩提起，便在母亲的怀里接受桑拿的熏蒸和洗礼。到酒吧喝酒、洗芬兰浴，成为芬兰人的主要夜生活。

芬兰、挪威和瑞典这三个北欧国家，属于世界上最重要的森林和林产品生产国家。丹麦和冰岛属于集约造林国家，林业是丹麦的重要行业。北欧国家林业遵循可持续经营的原则，采伐后重新造林。这种经营是基于高质量的国际林业研究，并得到公认。这些北欧国家通常拥有寒温带针叶林，但是丹麦和瑞典北部也生长有一些温带混交林。

早在维京时代，瑞典人就凭借储藏罗马、拜占庭帝国的财富积蓄了巨大的国家能量。"我们的历史并不长，但正因为缺少和不足，我们才拥有了那份自由，创造和发明任何事物。"自上世纪五六十年代，斯堪的纳维亚设计以其简约的风格、实用主义的精神独树一帜，对物料的执迷以及对自然资源的敬意，使"北欧设计"开始为世界瞩目，而这一切其实都只是人们所熟悉的低碳生活版本。许多年过去了，这里的人们的生活形态经历了深刻而剧烈的变革，但对于自然、简单、休闲生活的回归与不懈追求，却随着世事的变迁，愈发显得迫切。

在文化上，北欧国家不同于西欧、南欧甚至东欧国家的一个重要特征是其宗教意识相对淡化。北欧国家基本未经过政教合一的历史时期，与欧洲大陆相比，天主教在北欧几乎少有踪迹，影响北欧的教派主要是欧洲宗教改革后的基督教路德宗，旧教的特权思想和等级观念对北欧国家的影响相对较小。没有政教合一的传统，更没有经过文艺复兴的洗礼，这种文化氛围使得北欧国家的等级观念不强，而平等意识、社会平民意识则较为浓厚。事实上，从出生到死亡，人们会遇见各种高质的设计，而设计的含义也远远超越产品和设计师。设计是可辨识的DNA，发展、改进、永不重复。而每个时代，设计其实都随着社会发展一直被需要，设计也将被重新定义及估值。新时代的消费具有创造性的新形态，例如我们

买电脑，用电脑完成某个作品，创造出新的物质和价值，另一方面快速性经济导致生产过剩与即买即抛的生活方式都造成资源的极大浪费，甚至影响发达国家与发展中国家间的公平道义。Buy yourself free恰恰是北欧所倡导的新实用主义，买给你自由与解脱吧，有点类似我们的"断舍离"，做减法；物质只有使用时才被赋予价值，在不同时代的消费主义价值观中都不曾改变，而真正好的设计和消费观应该更适应全球的发展。

从整体上看，北欧的制度特色是与北欧国家的具体国情分不开的，如历史上受战争破坏较少，地处欧洲边缘、国小人少，资源相对丰富以及平民社会思想传播较为广泛，等等。特殊的气候、地理位置等自然条件，特定的社会、历史文化传统使北欧国家走上了一条不同于西欧、南欧甚至东欧等其他欧洲国家的发展道路。北

欧模式，很多人称之为"福利国家模式"，其突出特征是国家通过各种法定的福利保障计划形成一种体制，建立一种社会保障网，实行从"摇篮到坟墓"的高度社会福利，涵盖社会保障、社会福利、社会服务和社会补助等方面，使个人不因生、老、病、残等原因而影响正常的生活。在芬兰，只要是芬兰公民，一出生就享受政府的各种补贴，人人都有接受终身教育的平等机会，从幼儿园到大学都享受免费教育。北欧的社会保障虽比较健全，但经费并不是完全由国家负担。长期以来，瑞典、芬兰等国的社会保障所需资金筹措一直是采取多元渠道，即由政府、雇主、个人和保险市场共同负担。北欧人常将他们的政府戏称为"红色政权"，这主要指长期执政的社会民主党。社会民主党所代表的社会力量基本上属于劳动阶层，如工人、雇员、政府职员等，所以人们戏称为"红色政党"。由于历史的原因，北欧国家的

社会政治生活中，社会民主党势力十分强大。该党在瑞典已连续执政50年，在国会中占据着不可动摇的大党地位；在丹麦，社会民主党也执政多年，在挪威、芬兰，执政的也是社会民主党。

高税收、高福利带来的结果是收入差距较小、社会平等感强，芬兰、瑞典均属于世界上收入差距较小的国家。高福利有赖于公平的分配体制。经济的发展并不会自动地带来社会公平，社会公平的实现不是一个财富积累到一定程度就自然而然实现的过程，它不仅需要一定的制度基础、文化传统，更重要的是要建构一个公平的分配体制。在某种意义上可以说，相对于财富积累而言，一个较为公平的分配体制对于保持社会公平可能更为重要。因此，北欧国家都非常重视建立一个促进社会公平的分配制度。

重视私人空间，享受轻松悠闲的生活是北欧人心目中不可侵犯的权利。瑞典规定每人每周工作不能超过40小时，工作时间一般为早上8时到下午4时，每年还有25天的带薪假期。按照挪威的法律规定，周末或节假日加班可以领到双倍工资，但大多数挪威人都不会为之所动，他们宁愿去山上散步、海边钓鱼，去滑雪、晒日光浴。芬兰、丹麦也有类似的相关规定。因此，北欧不少商店下午五点左右关门，周末一般是不开门的。下班后或节假日，他们都尽情地休息或外出度假。只有上班的时候，街上才能感受到热闹。但是，会享受生活的他们总能够在忙碌的一天找出一段完全属于自己的时间，或到咖啡馆喝咖啡，或到码头边喂海鸥，体会一种休闲自在的生活。海边、公园里，甚至是街边的长椅上，男男女女、老老少少，有不少正悠然自得地晒太阳，有的是三点式，有的干脆脱掉上衣，旁若无人地躺在草地上。这便是人与自然的和谐。

BOLON  BROKIS  MUFFINS  DELIGHTFULL
EGA CARPETS
FORM US WITH LOVE
HAY  NEWWORKS  MAGIS

# 北欧风格经典设计

斯德哥尔摩设计周上参展的这些国际品牌，不仅包涵了众多北欧经典品牌，还有来自全世界最贴近北欧设计的品牌，它们是北欧风格的新锐设计品牌，关注它们，让你的设计更加精彩！

NORMANN COPENHAGEN
PLYCOLLECTION
BOCONCEP

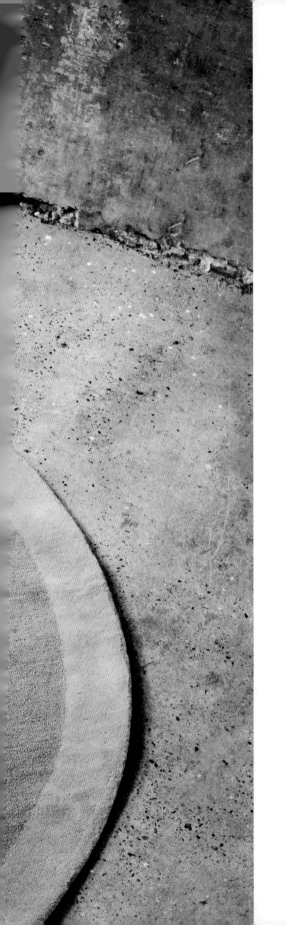

# 北欧设计：
# 关注斯德哥尔摩设计周

斯德哥尔摩设计周是世界最大的斯堪的纳维亚家具展，集中展现北欧设计力量。设计周的最大看点自然是瑞典的本土设计，同时也汇集了世界范围内的各式各样的家具和公共环境设计，于每年2月初在瑞典斯德哥尔摩举行。

斯德歌尔摩被称为"欧洲的东京"，Gamla Stan在古老的瑞典皇宫与时髦先锋的SOFO仅仅几步之遥，梦幻般的海边风光与迷人的都市，有种超现实的存在感。在这座近日被权威机构评选为俊男美女最多的北欧名城中，一年一度的设计周亦是代表整个斯堪的纳维亚半岛新世纪发展的设计盛事。

在今年的设计周上，除殿堂级设计品牌持续发力之外，新一代设计力量的表现颇为亮眼，无论是作品的成熟度还是创作理念都令人欣赏。以迪德哥尔摩为基地发展的设计小生Fredik Paulsen从皇家艺术学院求学起就喜欢就地取材，装修剩下的材料及各种优质的地板原料都被他率真地制成实用且颇具玩味的艺术作品，他甚至还将毛细血管实验原理应用到各种木材的着色工艺中，并最终发明奇幻的渐变色木质家具系列。设计师们倡导人们更多地使用富有关怀精神的手工制品，而不是那些大量生产、即买即抛的快消商品。这里的每一件商品都独一无二，省却了生产过程中的繁杂环节和长途运输，不必担心物料的不安全性，更没有第三世界国家的廉价劳动输出，全部由设计师独立完成整个工序，物品的使用寿命都很长，耐用且历久弥新，同时也从另一个角度很好地诠释了可持续性发展的新世纪版本。

# *BOLON 旧物新用，妙织生花

在地毯界，瑞典BOLON编织地毯可以称为时尚先锋，60多年前在斯德哥尔摩BOLON品牌诞生。用纺织废料变成碎布地毯，对环境的保护是BOLON品牌对地球的永久承诺。创始人Nils-Erik Eklund把旧物利用的环保理念延伸到材料中。值得关注的是产品的设计者全部来自世界著名设计师和建筑师，并与国际品牌跨界合作。BOLON品牌像是一个调色板，可以创造无限可能性，一个华丽的融合了摇滚、设计、时尚与建筑的装饰灵魂。BOLON的"地板语言"摩登华美，精准深邃，在地面上演绎出空间美学。

www.bolon.com

## 地毯的搭配美学

优雅的地毯颜色，如灰色、米色、浅蓝色，比较适合运用在相对素雅的法式、欧式风格的空间里，这也是北欧风格中比较常用的色调，素雅低调却散发着浓郁的北欧风情。将地面满铺，可以直接替代地板和地砖使用，而且地毯本身并不会抢了整体家居风格的风头。毯可以使其老色拼接的方式，同一色系拼接在一起，让地面自然过渡。

## 办公空间的地毯应用

办公空间里常用的地毯一般风格简洁，纯色的较多，如遇到有直纹花型的地毯应横竖错缝拼接效果最佳。在灯具的搭配上，金属感、造型感、装饰效果强烈的尤为适合，特别是北欧风格中金属元素的地毯搭配起来能给办公空间带来更加精致的感觉。

## 地毯的艺术效果

地毯除了实用功能和装饰效果外，它还具有艺术性。和音乐、歌剧、舞蹈一样，每一道工序都承载了手工艺人们无限的创造灵感，在生活中，相信它能给你带来无限的惊喜，同时一块儿好的地毯也有收藏价值。

# * BROKIS MUFFINS  温柔的玻璃

以制作高质感波西米亚玻璃闻名超过两百年的捷克玻璃工房Janštejn，原本只专为Artemide, Foscarini, Louis Poulsen等知名灯具大厂制作灯罩与配件，后来被现任老板Jan Rabell买下，转型成为Brokis这个自创灯具品牌，并找来新锐设计师携手，创作出一系列精彩作品。Brokis合成了精美的设计、优良的品质和波希米亚玻璃工匠非凡的技艺。

www.brokis.cz

## 精湛的手工艺术

　　手工吹制玻璃和其他特殊的材料，如木材和手压的金属，大胆的组合，打破了当代设计的界限。并以其自身的高容量的生产设施，植根于超过200年的历史。Brokis引以为豪的精品工艺设计，大体积的玻璃吹制，结构简单，成为北欧现代风格的一颗新星。

# ✱ DelightFULL "管弦乐"灯饰设计

　　来自葡萄牙的灯饰生产商DelightFULL，是一家专门设计灯饰的品牌，他们不仅生产一件可以照明的工具，更多的，他们以华丽的设计为灯泡包裹，让灯饰成为一件华丽的艺术品。其中经典的Clark吊灯，是从管乐中得来的设计灵感，就像大多管乐器一般，Clark的本体以黄铜制成，再铺上一层明亮的金色，就如小号一般高贵低调。除此之外，Clark吊挂的线条亦有如管乐器一般，以管道方式上下游走，并在管道的最末端安装上同样长管型的E14灯泡，在完成整个设计之外，还展示出一份高贵的华丽。

www.delightfull.eu

## 北欧灯具之魔力

　　北欧风格的灯具多在造型和材质上取胜，拥有金属感强、硬朗效果、足够的气场等优点，在与北欧风格简洁的家居搭配中能够以其强大的装饰魔力成为空间中的主角。在与白色、米色、木色的搭配组合中，强烈的对比效果能把低调优雅的北欧风巧妙带进空间中，自成一派。

### 灯光之色彩霓虹

　　尽管在家居风格上保持极其简单、低调的风格，也要在家里制造一些小情趣，这是北欧人的浪漫所在。他们喜欢用彩色的灯、表达爱意的字母来装饰墙面，这也是北欧风格中最为风趣幽默的地方。

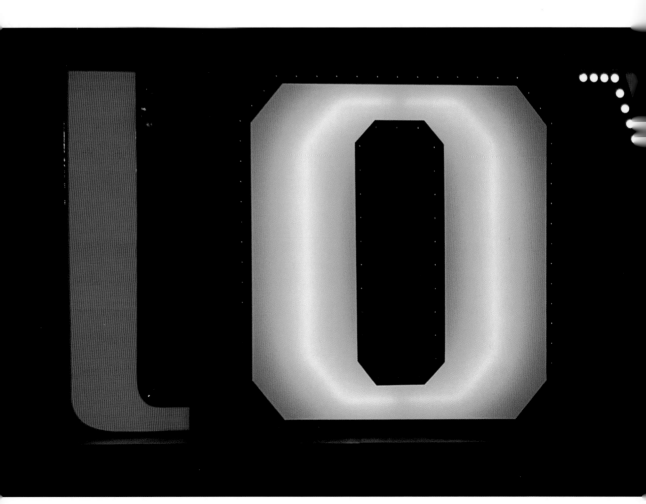

# EGA CARPETS
## 把自然带入室内的地毯

　　EGA地毯是世界上最早的地毯制造商，它们制造的地毯迎合了无数地毯爱好者对自然的喜爱。木材、石材、板岩等视觉效果运用到地毯的设计中，呈现出自然质朴之美，带给足部舒适放松的效果，并拥有良好的吸音效果。

www.egecarpets.com

## 地毯与时装的视觉盛宴

从地面到服装，时尚元素总是随着季节流转出现在每季的新品发布会上。时尚的地毯与服装巧妙结合，看似跨界的组合，却表达出服装与家居的流行永远密不可分的定律。

# FORM US WITH LOVE
## 北欧环保新秀

　　FORM US WITH LOVE（FUWL）是一家位于瑞典斯德哥尔摩的设计工作室。从2005年工作室成立到现在，它已经凭着几款出色的设计作品在欧洲市场获得良好的知名度，其设计作品很注重形式的运用和设计完成度，设计作品在保持纯粹和美感的同时基于商业化的需求再进行合理的调整。FUWL的作品融合现代材料和传统材料，以设计需求为根本，目前与Bolon、Design house Stockholm等知名的家居商合作。
www.formuswithlove.se

如果用一个词来概括FUWL，那就是"dedication"（忠诚），对于设计的忠诚使设计师不但仅仅关注于设计本身，还会深入到设计在生活中扮演角色的方方面面。FUWL在2005年由三位设计师 John Löfgren、Jonas Pettersson和Petrus Palmér成立，最早三人是在瑞典东南部的卡尔玛大学相识，学校附近是瑞典家具制造业的中心地带，利用良好的优势条件，三人确立了工作室的设计风格，工作室的名字是其设计定位的最好诠释"form""love"。

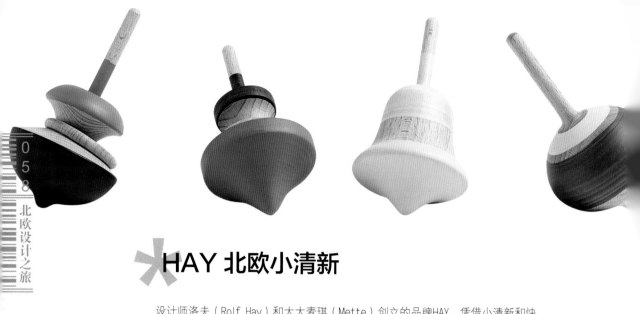

# ✳ HAY 北欧小清新

　　设计师洛夫（Rolf Hay）和太太麦琪（Mette）创立的品牌HAY，凭借小清新和快设计，迅速在竞争激烈的欧洲市场上铺开。而他们的设计，也受到学院派的肯定。2006年，公主椅（Prince Chair）被纽约当代艺术博物馆列入永久收藏名录。三年之后，他们的普罗普凳几（Plopp Chair）被巴黎蓬皮杜国家艺术中心收藏。去年，Mette本人还以家居配件设计师的身份，斩获丹麦本土权威设计奖项布罗基·麦格森尼茨设计奖（Bolig Magsinets Design Award）。或许，这对夫妻档设计师不只有"小清新"和"快设计"这两把刷子。

www.hay.dk

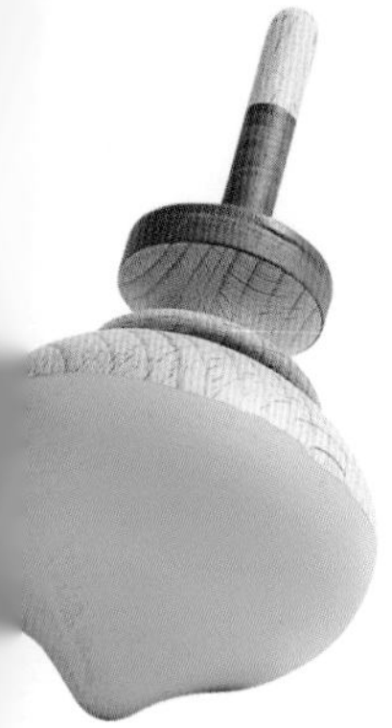

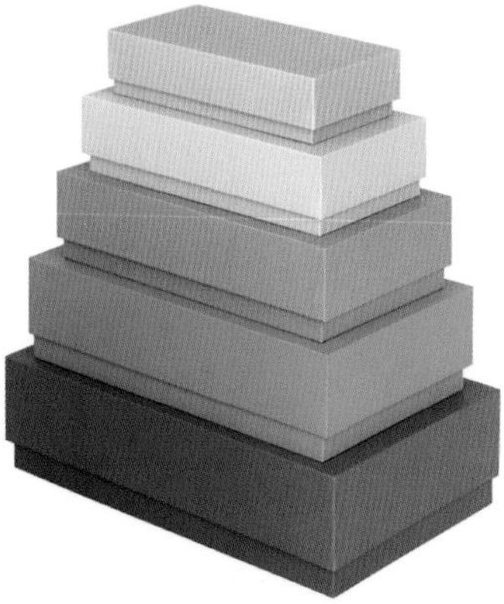

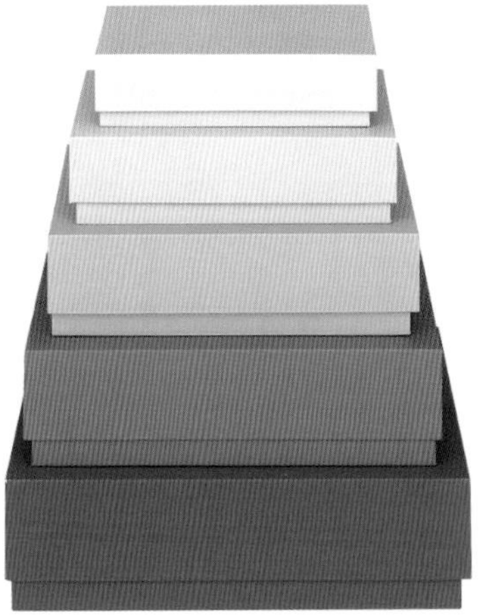

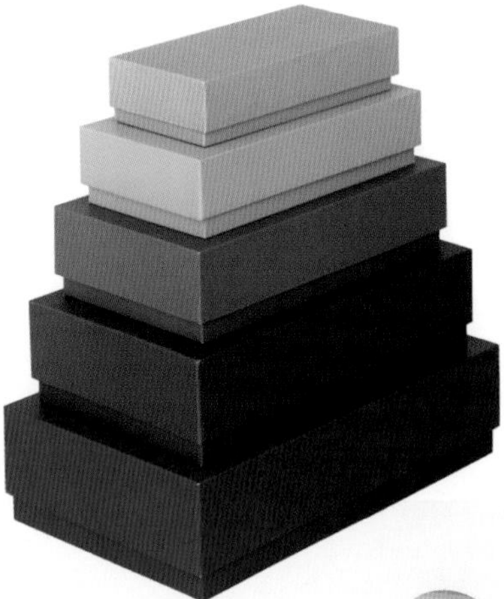

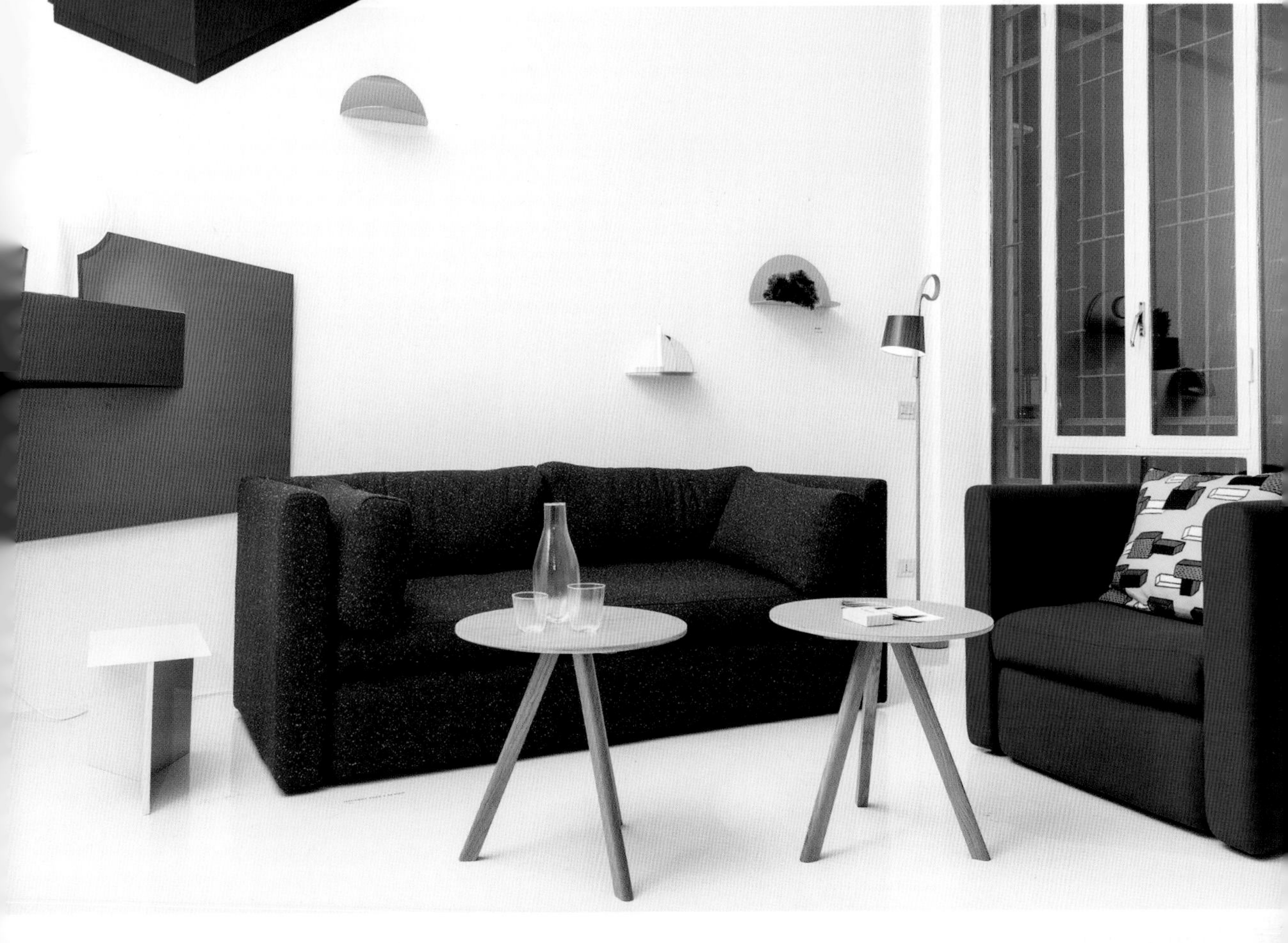

　　"两个游走在设计边缘的人,说起丹麦设计上世纪五六十年代的辉煌,内心都无比激动。"洛夫和麦琪在接受邮件专访时说,他们因为对设计的共同喜好而走到一起,无意中总是不断撩拨起对方复兴丹麦设计辉煌时代的"野心"。瑞典设计在20世纪二三十年代达到顶峰,丹麦设计的高潮则在其后的二三十年。那个年代,用高压复合材料以及泡沫塑料,大师设计出一系列经典。尼尔斯·奥拓·莫勒(Niels Otto Moller)的餐椅、赫尔基·韦斯特亚德·延森(Helge Vestergaard Jensen)的摇椅,以及拉森和马德森(Larsen & Madsen)的皮椅的各种复刻版本至今仍畅销不衰。每一季的新品中,洛夫会穿插一些复刻版,向这些大师和他们的经典之作致敬。

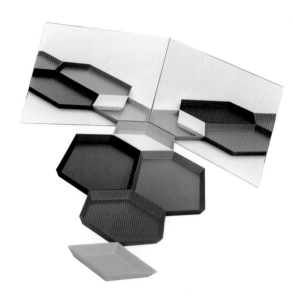

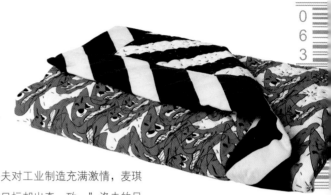

　　"两人都不是设计科班出生，喜好也截然不同，洛夫对工业制造充满激情，麦琪则偏好日本设计的禅意和清淡，但他们复兴丹麦设计的目标却出奇一致。"洛夫的另一位重要事业伙伴查瑞丝·侯科·伯夫森（Troels Holch Povlsen）称，这对夫妻骨子里潜藏着"设计偏执狂"的本性。实际工作中，洛夫和麦琪的分工相当明确。洛夫负责把控大件家具的造型、结构及制造工艺。对颜色和软织面料更为敏感的麦琪，不仅要对坐具的面料出谋划策，还分担了地毯、靠垫、衣架、套盒等配件的开发工作。诞生伊始，Hay就在产品的完整性上表现出了与"年龄"不相称的成熟。

"品类全面是丹麦人家居设计的一大优良传统，"洛夫说，"但是丹麦设计中还有另一句重要格言——也许你根本不要那么多，一个微笑的弧线就足够了。"他认为，丹麦设计之所以能在彼时创造辉煌，就在于大师能用尽可能少的材料和最简洁的工艺，塑造出动人而不夸张的曲线。"这个思路一直影响着丹麦乃至北欧的设计师，也包括我和麦琪。"

# *Nevvvorks 永不妥协的设计

这是一个来自瑞典的原创团队，他们的设计理念从不循规蹈矩，也不会按部就班，他们的设计产品包括：吊灯、椅子、桌子和沙发。虽然他们喜欢白色，但是却和日本设计不同，整个产品系列都充满着浓郁的北欧风格。

www.designcentershop.dk

# MAGIS 时尚前卫先锋

意大利品牌Magis旗下商品以造型活泼、时尚前卫、展现生活趣味为品牌特色。原以塑料家具驰名，后渐渐转而探索更高科技的合成铝、不锈钢片及压铸金属结合高科技将从事家具及生活用品之大量生产。Magis品牌被国际权威设计潮流杂志Wallpaper评为"十位能改变我们生活方式的人"之首。2004年Magis发展了一系列专为二到六岁儿童设计的家具——Me Too，在米兰及科隆的国际家具展中大放异彩，成为首次登上国际设计舞台的儿童家具。由于创始人找了教育家与设计师合作，并要设计师以这个年龄层的小孩观点来设计，于是创造出许多结合玩具特色的家具。

www.MAGISdesign.com

# Normann Copenhagen
## 少即是多

Normann（Normann Copenhagen）是丹麦独立设计品牌，Normann成立于丹麦哥本哈根的一家新设计公司，以norm69吊灯开始走红，产品逐渐风靡欧洲大陆，其norm69吊灯系列更被誉为吊灯设计的经典。它的品牌精神为" Less is more "，透过高品质、带些幽默感的优良设计来改善人们的生活。目前Normann的中国代理商是欢欣屋公司。

www.normann-copenhagen.com

## 精彩的吊灯

　　Norm69吊灯是丹麦设计大师Simon Karkov于1969年的经典设计，以组装式灯罩的概念，引领了室内照明新风潮，即使模仿者众多，外型肖似松果的Norm69，依然是无法取代的经典之作，至今依旧历久不衰，已经成为近代灯具设计的代表作之一。Norm69由69片箔片构成，不需任何工具，也不需要黏胶，只要动动巧手，就能玩出一个美丽的立体灯饰拼图。Norm69没有令人眼花缭乱的结构设计，却能使灯泡光线产生最佳效果。

## 餐桌上的趣味

Normann Copenhagen的产品一向以有趣、幽默闻名，北欧橱窗同仁每每拿到Normann新品时总是会不约而同地发出笑声和惊叹。餐桌用品的设计趣味感随处可见，蝴蝶开瓶器、摇摆花瓶、雨滴挂衣钩、伸缩式漏斗等许多生活起居的小设计都时刻散发着设计师的幽默和欢乐轻松的生活态度。

## 色彩的简约张力

　　将多彩的颜色从服装设计引入产品设计中，难得一见地将讨喜的配色和简约风格融合在一起，搭配设计感十足的彩色餐具设计，从贴近生活的角度向市场推广品牌的精神。谁说厨房只有油烟，没有设计？

# *Plycollection 办公椅的美好

　　Plycollection是拉脱维亚最大的家具制造商和现代世界知名设计品牌，产品以办公区域的胶合板椅子为主，采用独特的工艺成型的胶合板，使每一把椅子都成为高质量的现当代化设计的产品。

www.plycollection.com

klases                2.04 – 2.29
administrācia         2.01 – 2.03
                      2.30 – 2.32
kanceražbes           2.33 – 2.34
pagami                A – J
biblioteka

## 整洁的办公区域

在办公区域，打造整洁的环境区域尤为重要。以轻浅色调为主，亚克力、胶合板等材质更加耐用。椅子的造型可以简洁多变，流线、弧形、弯曲设计，使其在整个办公空间中呈现出独一无二的美感。特别是加入一两把有色彩感的椅子效果更好。

# ✳ BoConcept 原汁原味北欧风格

BoConcept（北欧风情）为都市人设计现代家具。自1952年BoConcept在丹麦创立品牌，品牌的传统是打造高质量且植根于北欧丹麦，设计简洁、温馨、自然而富于人情味且极具功能性的设计家具。所有家具、饰品都是为了呈现给热爱设计、充满活力并洞悉生活细节的你。整个设计团队由国外高端设计师打造，来自全球的设计大师们用极简的线条和趣味的设计思路使每件产品都充满了设计热情，且产品系列涵盖了从家具到饰品的全部精彩设计。产品系列在全球60个国家拥有超过260家专卖店和工作室。

www.boconcept.com

北欧风格经典设计

Peter + Kate's 7pm

## 水泥灰与北欧风格

　　水泥灰色墙面是近两年盛行的装修风格，与北欧的小资情调更相衬。简单的布艺双人或三人沙发可以打破水泥灰墙面的单调，一柔一刚，布料与墙面巧妙形成对比。其他配饰搭配如茶几、地毯和装饰小物，可以以彩色点缀增加视觉效果。

## 灰白黑色系成为主色卡

很少在北欧风格中碰到过于花哨的色彩，反而黑白灰这种中性色系更能呈现出北欧风格的气场，在与木质家具搭配时也总能保持低调从容。将那些充满趣味性的小家什随意地摆放在空间的视觉焦点处，偶尔的趣味更有新意。

## 简洁中设计感最强烈

在极致简约风格中，北欧设计总能带来不少小清新风格，并非硬朗，于简洁之上形成有力度的弯曲和弧线。或在金属材料上大做文章，不锈钢、铜质、铁艺产品都展现了其特殊的材料质感，张弛有度。

HANJWEGNER CKR
JIN KURAMOTO
KOJMOJ PROJECT

# 设计大师们的
# 原创艺术

这些国际设计大师以其精湛的设计技艺和超乎完美的想象力，让每一件家具都如同艺术品般绽放。这些外型灵巧的设计品体现了斯堪的纳维亚超高的设计技巧和完美的工艺，称为北欧设计的先锋。

MONICA FORSTER NOTE
PETER OPSVIK
TOMDIXON

## 北欧设计师:
## 经典源于对生活方式的认同

　　北欧的设计师在设计上大量采用自然材料，与日本设计师采用清水混凝土完全不同。 设计一方面具有强烈的自然感，另外也具有传统的美， 具有手工艺美观和机械化生产的现代化特色。 丹麦家具不但典雅，精髓是以人为本，同时非常轻巧，造价低廉，具有适应社会广泛需求的特点， 以摩根森的设计最为典型。设计一把椅子、一个沙发，不仅仅追求它的造型美，而是更注重从人体结构出发，讲究它的曲线如何与人体接触时作完美的吻合，不断修正线条与角度，使其与人体协调，让人感到舒适。被称为丹麦家具设计之父的克林特，就像是一个画家，为研究座椅的实用功能，他会在设计之前画出各种各样的人体素描，在比例与尺寸上精益求精，并运用技巧将材料的特性发挥到极致，从而创作出美轮美奂的工艺品。对于现代主义、大工业化生产方式，战后的"波普"风格反而更加没有保守地受到欢迎。换言之，它比较没有受传统的过分沉重的束缚。因为环境因素的影响，芬兰的文化也有一定的边缘性，无论建筑还是家具设计，芬兰设计都没有受巴洛克、洛可可设计思潮的影响，始终保持了朴素自然的设计风格。北欧家具的设计特点 ：人情味 、天然材料、手工艺、简约造型、独创性。

RUD·RASMUSSEN'S·SNEDKERIER

RR

OPRETTET·1869

## ✳ HansWegner 椅子代表人生

**设计师：** HansWegner

**设计理念：** "很多外国人问我们怎样创造了丹麦风格，我说这是不断提纯的连续进程，简洁对我来说就是剔除到可能的最基本的元素：四条腿、一个座位、椅圈和扶手。"

**代表作品：** The RoundChair、The FoldingChair、The Three-shellsChair、The Y-Chair
www.carlhansen.com

## 椅子设计大师

一生创作超作500张椅子的Wegner，设计能量丰沛，无时不在思考着如何创新、改良，设计出更好的家具作品，虽然在Wegner心目中，真正完美的椅子是不存在的，但是兼具实用与展现极简美感的The Chair、灵感来自温莎椅的Peacock Chair、巧妙融合中国明式椅风格与北欧独特有机线条的Y Chair，奠定了Wegner经典大师的地位。

# CKR
# 设计应该很精致

**设计团队：** CKR

**设计理念：** "我们的设计都是精致的，设计不应被很快抛弃，而应持久地给人们的生活带来享受。真正的好设计能与人们的感觉产生诗一般的对话，设计是文化的一部分，如同音乐与艺术一样值得品味。"

**代表作品：** Baklava灯饰、KILT柜子

www.claessonkoivistorune.se

## 瑞典现代主义设计

　　Claesson Koivisto Rune（克莱松·卡尔维斯托·卢恩）目前已是瑞典最知名的设计公司之一，由三位设计师Marten Claesson、Eero Koivisto和Ola Rune创建于1995年，设计领域十分广泛，包括家具、建筑和珠宝设计等。Claesson Koivisto Rune的作品大多简洁明快，十分典型地继承了斯堪的纳维亚现代主义设计的当代风格。

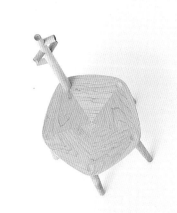

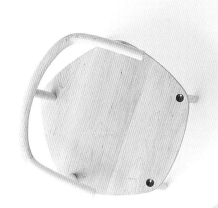

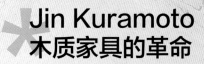

# *Jin Kuramoto
## 木质家具的革命

**设计师:** Jin Kuramoto,
1976出生于日本兵库县,
毕业于金泽美术工艺大学设计专业。
08年创立同名设计工作室。

**设计理念:** "以传统设计之初,创造最具活力的新锐家具。"

**代表作品:** matsuso T日本设计师Jin Kuramoto
为新创立的家具品牌matsuso T设计的Nadia系列木制家具。
技术上沿袭用了日本造船工业的传统木工技艺,
包括椅子、矮桌和衣帽架。

www.jinkuramoto.com

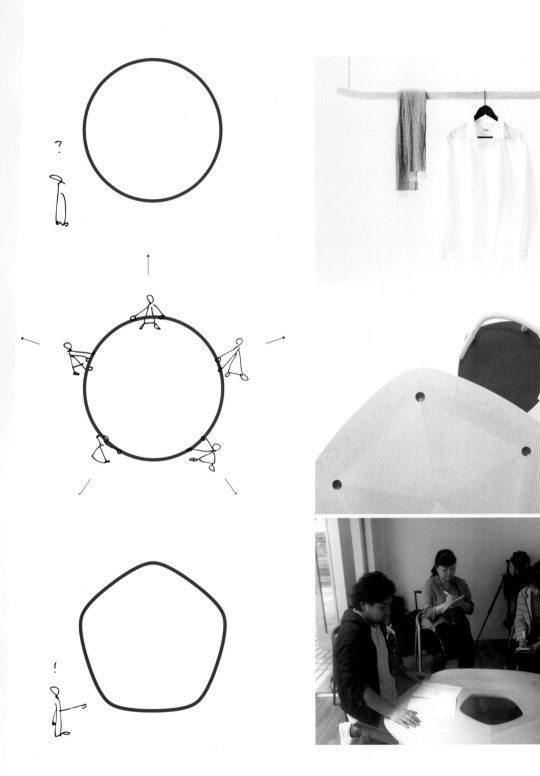

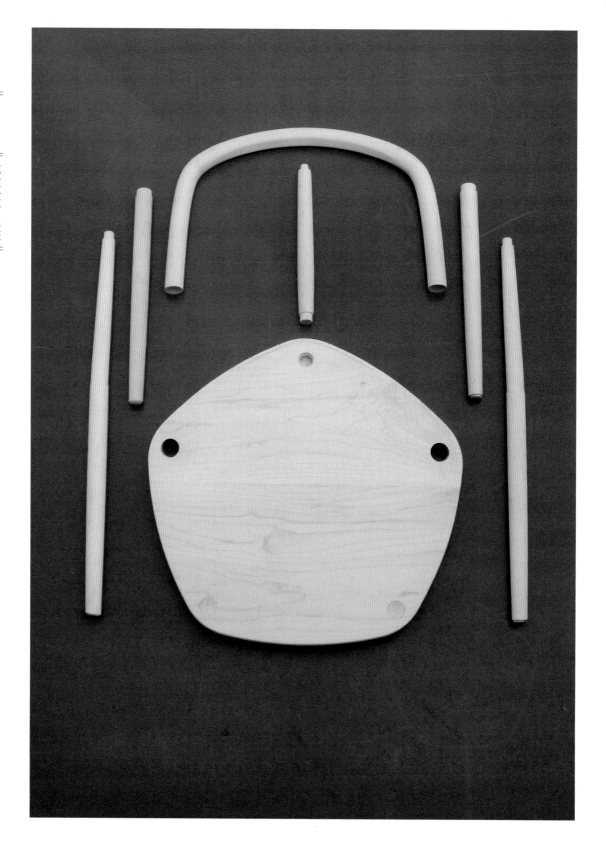

## Five系列家具

　　本系列命名为"Five"，包括木制坐具和桌子。"Five"意指家具在设计上采用统一的五角外形保证其连贯性，用上漆的圆点作为强调，同时亦引申至东方传统哲学中构成世间万物的"五行"概念。

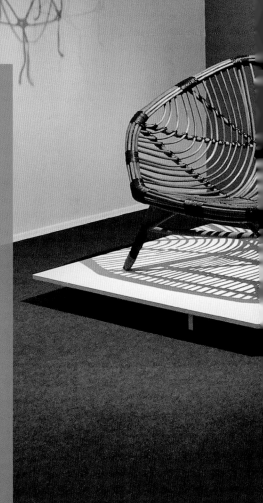

# Kosmos Project
## 有趣，有设计

**设计师：** Kosmos Project

**设计理念：** "两个世界可以和谐共处，设计方法是建立在信念上的，我们的环境决定了我们的态度。从我们创建设计对象的方式来看，这一点非常重要。"

**代表作品：** fern flower、mask

www.kosmosproject.com

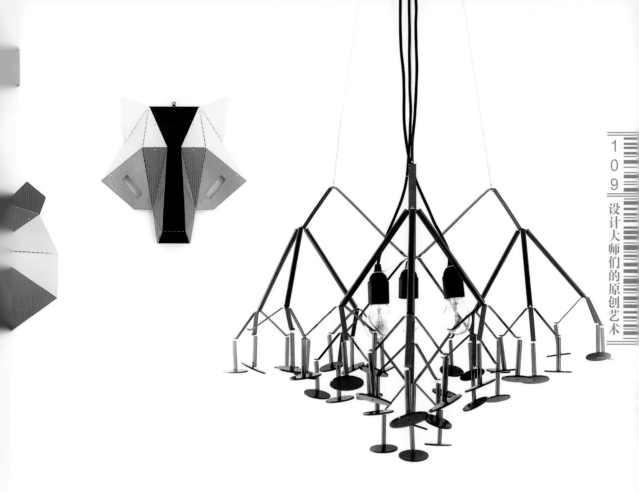

## 喜欢自然的枝枝丫丫

树枝是自然界最常见的一种形态，设计师巧妙地运用了这一要素，通过自然的造型把它体现在产品的设计中，最自然的也是最具生命力的，无论何时都生机勃勃，在室内也仿佛置身于自然中，它不但是产品，更是艺术品。

# Monica Forster
## 处处见温情

**设计师：** Monica Forster

**设计理念：** "努力将人们心中最美好的温暖关怀、创意、热情融入产品中。"

**代表作品：** Poltrona Frau、Modus、Tacchini

www.monicaforster.se

## 保留设计的暖意

自1999年创立个人工作室以来，瑞典设计师Monica Forster曾先后与Poltrona Frau、Modus、Tacchini等知名家具品牌合作。她一直努力保留斯堪的纳维亚设计风格的神韵和暖意，在减少冷意与距离的同时，承继实用、简约、理性和朴素的设计传统。这种坚持，恰好与瑞典品牌OFFECCT的理念颇为契合——OFFECCT强调人与环境的互动性，努力将人们心中最美好的温暖关怀、创意、热情融入产品中。

# Note 跨界灵感创作

**设计团队：** Note

**设计理念：** "我们每个人都有不同的能力，
我们都相信跨界的设计手法。
有时候，产品设计师会在我们设计建筑项目时，
提出最好、最不凡的概念，因此激励大家产生全新的想法，
大家都会跳脱出各自原有的领域去思考。"

**代表作品：** Tembo、Bolt

www.notedesignstudio.se

## 六个好设计师

设计业里有不少团体，但是能如"Note"这样有多达六位设计师的却是少数。成员Alexis Holmqvist、Susanna Whlin、Johannes Carlstrm、Krist offer Fagerstrm和Cristiano Pigazzin来自斯德哥尔摩，有些是同学，有些曾一起合作设计案子，另一些则是经朋友介绍认识的，2008年几个人在进行一个大型建筑项目时结识。Note的大量作品往往是独自研发的成果，其中包括他们的成名作、由法国品牌生产的Tembo以及Bolt，其实都是来自他们的首个系列产品，后者甚至赢取了著名设计杂志《Wallpaper》2013年度最佳矮凳奖。